Charles Bristone
Alfaya Jibrilla

Ogi (alimento complementar de base nigeriana) de arroz e amendoim de Bambara

AF294499

Charles Bristone
Alfaya Jibrilla

Ogi (alimento complementar de base nigeriana) de arroz e amendoim de Bambara

ScienciaScripts

Imprint
Any brand names and product names mentioned in this book are subject to trademark, brand or patent protection and are trademarks or registered trademarks of their respective holders. The use of brand names, product names, common names, trade names, product descriptions etc. even without a particular marking in this work is in no way to be construed to mean that such names may be regarded as unrestricted in respect of trademark and brand protection legislation and could thus be used by anyone.

Cover image: www.ingimage.com

This book is a translation from the original published under ISBN 978-620-2-09268-5.

Publisher:
Sciencia Scripts
is a trademark of
Dodo Books Indian Ocean Ltd. and OmniScriptum S.R.L publishing group

120 High Road, East Finchley, London, N2 9ED, United Kingdom
Str. Armeneasca 28/1, office 1, Chisinau MD-2012, Republic of Moldova, Europe
Printed at: see last page
ISBN: 978-620-8-06899-8

ÍNDICE DE CONTEÚDOS

Capítulo 1

1.0 INTRODUÇÃO

Ogi é um alimento complementar indígena amplamente consumido na sub-região da África Ocidental, particularmente na Nigéria (Ihekoronye e Ngoddy, 1985; Metwalli et al., 2011). É um extrato de amido modificado (fermentado) de cereais e produzido principalmente a partir do milho (Awada et al., 2005; Bristone et al., 2016). O nome deste alimento entre os seus consumidores difere consoante as etnias dessas regiões. Na parte norte da Nigéria, é chamado *koko* em Hausa, *Ogi* entre os Yorubas no sudoeste e *Akamu* na língua Igbo do sudeste (Onofiok e Nnanyelugo, 2003). Uma vez que não existe literatura disponível sobre o arroz *Ogi*, este estudo torna-se assim importante.

São muitas as vantagens de utilizar o arroz para a produção de alimentos complementares, como o *Ogi* ou produtos alimentares à base de arroz. Uma delas é o alto nível de aceitabilidade do arroz em todo o mundo. Cerca de dois terços da população mundial utiliza o arroz como alimento estável (Roy et al. 2011). De facto, entre todos os cereais, o arroz é conhecido por ser o cereal número um consumido pela maioria dos grupos de pessoas e é também considerado como a primeira escolha para as fórmulas infantis (Olatoye, 2011; Danbaba et al., 2016). O arroz é consumido por todos os grupos étnicos na Nigéria e na maior parte do mundo. Existe uma grande procura, especialmente na região da África Subsariana. A taxa de consumo é muito superior à produção (Maji et al. 2017).

Os benefícios para a saúde e o significado nutricional do consumo de arroz também são muitos. A propriedade hipoalergénica do arroz é bem conhecida. As pessoas que são alérgicas a outros cereais podem consumir uma quantidade razoável de arroz e continuar a tolerá-lo. O arroz é facilmente digerido, devido ao seu baixo nível de hidratos de carbono complexos, proteínas e anti-nutrientes. Geralmente, o arroz tem um sabor suave e uma textura macia, o que o torna aceitável para a maioria dos grupos de crianças e adultos. A sua cor branca brilhante e o seu aroma suave são outros perfis organolépticos que aumentam a sua aceitabilidade. A caraterística de sabor do arroz, com base nos resultados da investigação, é identificada como agradável. No entanto, foi referido que existem mais de 200 compostos voláteis presentes no arroz. Estes foram observados instrumentalmente e, entre estes compostos, não foram estabelecidos os que, individual ou coletivamente, têm de estar presentes para que o arroz tenha um sabor a ranço ou a esturro durante a oxidação. Apenas um composto, a 2-acetil-l-pirrolina (2-AP: aroma a pipocas), foi confirmado como contribuindo para um aroma caraterístico (Champagne, 2008). O arroz tem um baixo teor de gordura em comparação com outros cereais, pelo que pode levar a uma redução significativa do excesso de peso corporal e das pessoas que sofrem de obesidade, se consumido de forma razoável. Também neste caso, espera-se que as quantidades de produtos rançosos que se podem formar devido à oxidação dos lípidos sejam baixas durante o armazenamento do arroz. O desejo de produtos alimentares com baixo teor de gordura é outra vantagem da utilização do arroz como matéria-prima. O arroz é também conhecido por ter um baixo teor de proteínas, o que o torna adequado para ser complementado com outras fontes ricas em proteínas. No entanto, o seu elevado teor de lisina, em comparação com outros cereais, é uma vantagem adicional.

O arroz, sendo um grão sem glúten, é ideal para pacientes que sofrem de doença celíaca ou intolerância ao glúten (Danbaba et al. 2017). De acordo com a Tabela Internacional de Índice Glicémico e Carga publicada pelo American Journal of Clinical Nutrition, o arroz branco tem um índice glicémico médio de 56, que está classificado dentro da gama de alimentos com índice glicémico médio (ou seja, 56-69%). O índice glicémico do arroz branco está próximo da gama de alimentos com baixo índice glicémico de 55% ou menos (Foster-Powell et al. 2002). No entanto, o arroz com índice glicémico muito baixo ou elevado pode ser uma alternativa na escolha das variedades de arroz *Ogi*. O valor do índice glicémico do arroz branco é uma indicação de que seria moderadamente mais seguro para as pessoas que sofrem de diabetes, se consumido de forma razoável. Existem muitas variedades de arroz, o que o torna adequado para criar variedades de dietas, especialmente para selecionar as que contêm carotenóides e flavonóides, que teriam um significado tanto para a saúde como para a nutrição do consumidor. Dipti et al. (2012) relataram que o P-caroteno foi detectado em grãos de arroz não polidos. O P-caroteno é um precursor da vitamina A. Noutro estudo, os compostos fenólicos foram mais abundantes no arroz castanho, no arroz castanho germinado e no arroz não polido. Verificou-se que estes nutrientes aceleram o metabolismo do cérebro e previnem doenças graves, como cancros gastrointestinais, doenças cardíacas, hipertensão arterial, diabetes e beribéri, obstipação e doença de Alzheimer. Outros benefícios incluem a eficácia na supressão de danos no fígado; melhora a saúde mental materna e a imunidade durante a lactação (Roy, 2011). As variedades de arroz diferem em várias formas, como a cor (branca, preta, castanha, amarela, vermelha, etc.) e os tamanhos, que se distinguem como arroz de grão longo, médio e curto, e também no aroma (Andrew, 1983). O grão de arroz de grão longo contém um elevado teor de amilose e tende a permanecer intacto após a cozedura; o arroz de grão médio contém um elevado teor de amilopectina e torna-se mais pegajoso após a cozedura. O arroz de grão médio é utilizado para pratos doces, como o *arrosnegre* em Espanha. O arroz de grão médio autocolante é utilizado para o *sushi;* a sua viscosidade permite que o arroz seja moldado numa forma sólida. O arroz de grão curto é frequentemente utilizado para fazer arroz doce (Andrew 1983). O teor de amilose (fração linear) do arroz branqueado não ceroso pode constituir 7 a 33% do seu peso seco ou 80 a 37% do seu teor de amido. A amilopectina (uma fração ramificada) é o principal constituinte do amido e é a única fração de amido do arroz ceroso (glutinoso). O amido de arroz ceroso tem um teor aparente de amilose de 0,8 a 1,3% (Houston, 1992). As proteínas são o segundo constituinte mais abundante do arroz integral, a seguir ao amido. O arroz integral tende a ter maior teor de lisina e menor teor de ácido glutâmico do que o arroz branqueado. Existem diferenças varietais no nível de alguns dos aminoácidos de cultivares para cultivares com o mesmo nível de proteína (Houston, 1992).

Na Nigéria e em algumas outras partes de África, as várias formas de arroz disponíveis incluem o parboilizado, o castanho, o moído, o quebrado e a farinha de arroz, de onde provém uma vasta gama de variedades de dieta; os pratos convencionais e os indígenas que se adequam às escolhas dos consumidores. Ou seja, se este prato em particular não for aceitável, o outro será aceitável (Ndinding et al. 2014; Maji et al. 2017). Os alimentos indígenas nigerianos feitos de arroz são: *Kunun gyada,*

Kunun zaki, Kunun tsamiya, Kunun kanwa. Todos são bebidas não alcoólicas. Outros são Masa (massa frita fermentada), Garabiya, Nakiya, Gwote (pate-pate), leite Sharba, Tawiska, Dafa duka, Sinkafawara, Sabban, Danwake, Sinasin, Tuwon shinkafa, Shankawa-ngaloa, Bulum, Rango (Shuwa), Basise, Kudon kaza, Dakuwa, Burabusko, Tuwon laushi, Tsatsafa, Waina (Badau et al. 2017). No entanto, entre estes tipos de alimentos à base de arroz relatados, não há nenhum *Ogi* à base de arroz, apesar dos benefícios nutricionais e de saúde do consumo de arroz e das necessidades de alimentos complementares domésticos à base de arroz.

Os benefícios da produção de alimentos à base de arroz, como o *Ogi*, são muitos. Em África, há muitos projectos sobre a produção de arroz que visam o acréscimo da cadeia de valor; esses projectos vão desde a agricultura em pequena a grande escala, à transformação e produção de arroz. O projeto de grande escala que cobriu a maior parte de África é através do "reforço da segurança alimentar e melhoria do manuseamento pós-colheita do arroz, comercialização e desenvolvimento de novos produtos à base de arroz, com o objetivo de aumentar a segurança alimentar e os meios de subsistência sustentáveis entre os actores da cadeia de valor do arroz em África", financiado pelo Governo canadiano (Ndinding et al. 2014; Badau et al. 2016; Badau et al. 2017). Do mesmo modo, os institutos de investigação na Nigéria desenvolveram mais de cinquenta variedades de arroz a partir do património genético africano *Oryza glaberrima* que resistem aos solos pobres africanos. A este respeito, muitos investigadores defenderam a necessidade de diversificar os alimentos à base de arroz. Um dos aspectos mais preocupantes é a produção de alimentos complementares. Na Nigéria, a produção de arroz aumentou ao longo dos anos para combater a fome e a malnutrição (Olatoye, 2011; Badau et al. 2017).

Outra vantagem da utilização de arroz para a produção de *Ogi* é o facto de o arroz ser o segundo maior cereal produzido no mundo, a seguir ao milho (FAOSTAT, 2007; Olatoye, 2011). A produção mundial de arroz paddy em 2016 deverá atingir 751,9 milhões de toneladas (499,2 milhões de toneladas, base moída), o que representa mais 3,9 milhões de toneladas do que as previsões de dezembro e 1,6 por cento acima do nível deprimido de 2015. Enquanto a previsão preliminar da FAO da produção global de arroz em 2017 é fixada em 758,9 milhões de toneladas (503,8 milhões de toneladas, em base moída). Mas entre 2012 e 2014 foi de 741,5 milhões de toneladas. As outras formas de utilização, a alimentação humana e a alimentação animal, não registaram diferenças significativas nesses anos. A época de 2016 também se desenrolou bem em África, onde se prevê um recorde de 30,8 milhões de toneladas. A expansão de 7% seria liderada pelo Mali e pela República Unida da Tanzânia. Prevê-se que os produtores do país Nigéria respondam aos incentivos fornecidos pelo Estado e à força das cotações locais, expandindo as plantações. Assim, prevê-se que a Nigéria produza 5,3 milhões de toneladas (3,2 milhões de toneladas, base moída), um aumento de 6% em relação ao ano anterior (FAO, 2017). A FAO prevê que a utilização mundial de arroz em 2016/17 ascenda a 500,3 milhões de toneladas (base branqueada), um aumento de 1,0 por cento em relação ao ano anterior e pouca alteração em relação às expectativas de dezembro. A expansão projectada seria em grande parte imputável a um aumento de 5,1 milhões de toneladas no consumo de arroz como alimento, para 401,8 milhões de toneladas. Prevê-se também que as quantidades destinadas à alimentação animal aumentem para 18,3 milhões de toneladas, enquanto outras utilizações absorvem mais 80,2 milhões de toneladas. Com base nestas tendências, a utilização global de alimentos per capita passaria de uma estimativa de 54,0 quilos por pessoa em 2015/16 para 54,1 quilos nesta época (FAO, 2017).

As leguminosas e os cereais têm sido amplamente utilizados ao longo dos anos para se complementarem mutuamente. No entanto, a utilização de leguminosas é limitada em comparação com os cereais devido à presença de uma quantidade significativa inerente de anti-nutrientes que muitas vezes interferem com a capacidade das enzimas digestivas humanas e com o metabolismo, privando consequentemente os mecanismos e sistemas humanos do acesso aos benefícios nutricionais dos alimentos, se estes não forem corretamente processados (Liener, 1989; Balogun e Olatidoye, 2010). A aplicação de calor e muitos outros métodos de processamento de alimentos foram relatados por muitos investigadores para a destruição e redução dos anti-nutrientes das leguminosas. Concomitantemente, melhora o valor nutricional das leguminosas transformadas para o seu consumidor (Liener, 1989). Para além disso, as leguminosas são também utilizadas pelas suas boas propriedades funcionais. Não só são importantes em termos das suas propriedades funcionais, como também são ricas em proteínas, boas fontes de minerais essenciais, fibras alimentares, fitoquímicos e ácidos gordos insaturados (Ali et al., 2010; Ali et al., 2012; Rakshit et al., 2013; Chandra e Shasher, 2013). O amendoim de bambara, que é uma das leguminosas subutilizadas, contém cerca de 20,60% de proteínas. Foi relatado que contém uma quantidade significativa de lisina e é deficiente em triptofano. Além disso, tem cerca de 59% de gorduras insaturadas e 41% de gorduras saturadas (Adedokun et al., 2014)

Muitos trabalhos de investigação sobre o *Ogi* foram objeto de uma extensa revisão. Esta área inclui o fabrico, a produção, a fermentação, a importância microbiana no processamento, a influência antimicrobiana, o melhoramento e a secagem do *Ogi*. Entre essas sessenta e três (63) citações únicas diferentes sobre experiências de investigação revistas sobre o *Ogi*, não foram indicadas quaisquer experiências sobre o arroz *Ogi* (Bolaji et al. 2015).

O Ogi tem sido utilizado como uma das alternativas para as fórmulas infantis entre as famílias menos privilegiadas, devido ao elevado custo dos alimentos complementares convencionais. *O Ogi* era conhecido e frequentemente caracterizado pela sua elevada viscosidade, volume alimentar e baixo valor energético. No entanto, a adição de malte é frequentemente defendida para reduzir a viscosidade dos alimentos complementares (papas) e, ao mesmo tempo, provoca um aumento da densidade nutricional (Elemo et al., 2011; Bristone et al. 2016). Muitos alimentos como o *Ogi*, se não forem adequadamente complementados, são susceptíveis de serem deficientes em certos nutrientes, como as proteínas. Por esta razão, torna-se necessária a complementação de cereais e leguminosas para fornecer nutrientes adequados ao *Ogi*. É óbvio que a produção de arroz *Ogi* em pó diminuirá o custo de compra quando comparado com os alimentos complementares convencionais (Onofiok e Nnanyelugo, 2003; Bristone et al., 2016).

É possível constatar que a produção de *Ogi* a partir de grãos de cereais tem sido explorada por muitos investigadores. No entanto, ainda existem algumas lacunas que precisam de ser preenchidas. A necessidade de produzir *Ogi* em pó utilizando diferentes variedades de arroz, complementadas com amendoim de Bambara e arroz maltado, não pode ser demasiado enfatizada em termos do seu significado nutricional e prazo de validade. Assim, foi necessário produzir *Ogi* em pó seco a partir de diferentes variedades de arroz, complementado com amendoim de Bambara e malte de arroz para diversificar os produtos com um valor nutricional adequado.

1.1 Questões de investigação

(1) Podem os grãos de arroz ser utilizados como matéria-prima de base para produzir arroz *Ogi*? Qual será o significado nutricional e o perfil organolético do arroz *Ogi*? Será aceitável?

(2) A tecnologia de transformação autóctone pode ser utilizada para produzir arroz *Ogi*? Como é que os investigadores podem efetuar com sucesso a maltagem do arroz e o seu descasque utilizando equipamento de laboratório em miniatura sem recorrer a tecnologia avançada e, ao mesmo tempo, não encontrar dificuldades técnicas? Será possível?

(3) Será que *o* arroz *Ogi* é adequado em nutrientes se for complementado com amendoim bambara, tal como o milho *Ogi* complementado com soja?

1.2 Hipótese do estudo

Mas a tecnologia indígena não tem efeitos significativos nos perfis químicos e organolépticos do arroz quando transformado em arroz *Ogi* e complementado com amendoim de bambara e arroz maltado.

1.3 Objetivo do estudo

O principal objetivo deste estudo é produzir *Ogi* em pó a partir de arroz de grão longo, arroz de grão curto, complementado com amendoim de bambara e com arroz maltado. Espera-se que o estudo melhore o processo de produção através da incorporação de malte no arroz em pó seco *Ogi* e complementado com amendoim de bambara. Espera-se que o rendimento do produto seja nutricional e organolepticamente aceitável para o grupo-alvo de indivíduos, especialmente entre os seus consumidores, onde este tipo de produto é frequentemente utilizado como pequeno-almoço. Os objectivos específicos são

(1)   determinar as propriedades físicas dos grãos;

(2)   determinar a distribuição do tamanho das partículas das misturas;

(3)   determinar as propriedades funcionais e as contagens microbianas das misturas;

(4)   determinar a composição proximal das misturas; e

(5)   atributos sensoriais das misturas.

Capítulo 2

2.0 MATERIAIS E MÉTODOS

2.1 Matérias-primas

As matérias-primas utilizadas consistem em arroz de grão longo, arroz de grão curto, arroz em casca, amendoim de bambara e cerelac (alimento complementar convencional). Todas foram adquiridas numa loja de sementes do mercado de segunda-feira de Maiduguri, estado de Borno, Nigéria.

2.1.1 Reagentes e aparelhos

Os reagentes e os aparelhos utilizados neste estudo foram obtidos no Departamento de Ciência e Tecnologia Alimentar, no Departamento de Engenharia Civil e no Departamento de Ciência Animal da Universidade de Maiduguri.

2.2 MÉTODOS

2.2.1 Determinação das propriedades físicas do grão

2.2.1.1 Determinação da percentagem de pureza do arroz

De toda a amostra de arroz branqueado, foi pesada aleatoriamente uma porção de 100 g da amostra de grãos branqueados. Os 100 g de cada um desses grãos de arroz foram selecionados manualmente para remover os contaminantes. Os grãos puros (ou seja, a porção de grãos sem contaminantes) foram pesados numa balança analítica. A percentagem de pureza do grão de arroz foi calculada (Nkama et al., 2011).

$$\text{Percentagem de pureza do arroz (\%)} = \frac{\text{peso de um grão de arroz puro . nn}}{\text{Peso total do grão de arroz}} \times 1UU \qquad \text{Eqn.1}$$

2.2.1.2 Determinação da percentagem de impurezas do arroz

De toda a amostra de arroz branqueado, foi pesada aleatoriamente uma porção de 100 g da amostra de grãos branqueados. Os 100 g de cada um desses grãos de arroz foram selecionados manualmente para remover os contaminantes. Todos os contaminantes foram reunidos e pesados numa balança analítica. A percentagem de impureza dos grãos de arroz foi calculada (Nkama et al., 2011).

$$\text{Percentagem de impurezas do arroz (\%)} = \frac{\textbf{peso das impurezas -inn}}{\textbf{Peso total do grão de arroz}} \times 100 \qquad \text{Eqn. 2}$$

2.2.1.3 Determinação da percentagem de descoloração do arroz

Foi pesada aleatoriamente uma porção de 100 g da amostra de grãos moídos de toda a amostra de arroz moído. Os 100 g de cada um desses grãos de arroz foram selecionados manualmente para remover os grãos descolorados. Todos os grãos descolorados foram reunidos e pesados numa balança analítica. A percentagem de grãos de arroz descoloridos foi calculada (Nkama et al., 2011).

$$\text{Percentagem de descoloração do arroz (\%)} = \frac{\textbf{peso do grão de arroz descolorido . nn}}{\textbf{Peso total do grão de arroz}} \times 100 \quad \text{Eqn. 3}$$

2.2.1.4 Determinação da percentagem da fração quebrada do arroz

A percentagem de pureza dos grãos foi determinada utilizando uma porção de 100 g dos grãos moídos, retirada aleatoriamente de toda a amostra de arroz moído. Em seguida, os grãos partidos foram selecionados manualmente da porção de 100 g. Os grãos partidos foram reunidos e pesados separadamente numa balança analítica. O resultado da percentagem da fração de arroz partido foi calculado (Bagheri et al., 2013; Ndindeng et al., 2014).

$$\text{Percentagem de fracções quebradas de arroz (\%)} = \frac{\textbf{peso do grão de arroz boken } \text{л}}{\textbf{Peso total do grão de arroz}} \times 100 \quad \text{Eqn. 4}$$

2.2.1.5 Determinação do peso de 1000 grãos de arroz

Foram selecionados aleatoriamente e contados cem grãos de arroz. Foram contados manualmente e pesados utilizando uma balança analítica e os resultados foram multiplicados por 10 para obter o peso de 1000 grãos (IRRI, 1980; Nkama e Ikwelle, 1998; Bashar et al., 2014).

Peso do grão de arroz (g) = **Peso de 100 grãos x 10** $\qquad$ Eqn. 5

2.2.1.6 Determinação do comprimento dos grãos de arroz

O grão de arroz foi selecionado aleatoriamente até 10 grãos de cada vez. O comprimento do grão foi determinado medindo o comprimento do eixo principal de cada um dos 10 grãos de cada vez, utilizando um paquímetro (IRRI, 1980; **Bagheri et al., 2013;** Djouab et al., 2016). O comprimento do grão de arroz foi registado como Comprimento = L (mm).

2.2.1.7 Determinação da largura dos grãos de arroz

O grão de arroz foi selecionado aleatoriamente até 10 grãos de cada vez. A largura do grão foi também determinada medindo a largura do eixo intermédio de cada um dos 10 grãos de cada vez, utilizando um compasso de calibre vernier (IRRI, 1980; **Bagheri et al., 2013;** Djouab et al., 2016). A largura do grão de arroz foi então registada como Largura = W (mm).

2.2.1.8 Determinação do rácio de aspeto (R)$_a$

O comprimento e a largura dos grãos, que foram previamente medidos com um compasso de calibre vernier, foram utilizados para calcular o rácio de aspeto. O rácio de aspeto do grão foi determinado com base no rácio entre o comprimento do grão e a largura (L/W) do grão de arroz (Bagheri et al., 2013)

$$\text{Rácio de aspeto } (R_a) = \frac{\textbf{Comprimento do grão de arroz (mm)}}{\textbf{Largura do grão de arroz (mm)}} \qquad \text{Eqn. 6}$$

2.2.2 Produção de arroz em pó *Ogi*

O arroz era peneirado, selecionado e limpo. É lavado e deixado em infusão durante 72 horas, sendo a água escorrida de 24 em 24 horas. O arroz foi então lavado, moído a húmido e peneirado com um pano de musselina. A lama foi deixada em repouso durante 12 horas para permitir que o extrato de amido modificado em suspensão *(Ogi)* se depositasse no fundo dos recipientes para facilitar a recolha (Bristone et al., 2016). Após decantação e desidratação do material através de prensagem completa e espremendo o excesso de água, o *Ogi* foi seco num secador de tenda solar a 48^0 C durante 24 horas e moído com um moinho de martelos de mesa para obter tamanhos de partículas uniformes de farinha antes da embalagem (Badau et al., 2016).

Matéria-prima (arroz)

I

Seleção e limpeza

I

Lavado

I

Em infusão durante 72 horas

I

Moagem por via húmida (utilizando um moinho de martelos de mesa)

I

Peneirado a húmido (utilizando um pano de musselina)

I

Sedimentos (12 horas de decantação)

I

Decantado (para retirar a água)

I

Desidratado (para remover a água por compressão)

I

Secagem solar (a 48C durante 24 horas)

I

Moído (utilizando um moinho de martelos de mesa)

I

Arroz em pó fino *Ogi*

I

Embalado (em recipiente de plástico)

Figura 1: Fluxograma da produção de arroz alimentado *Ogi*

Fonte: Bristone et al. (2016)

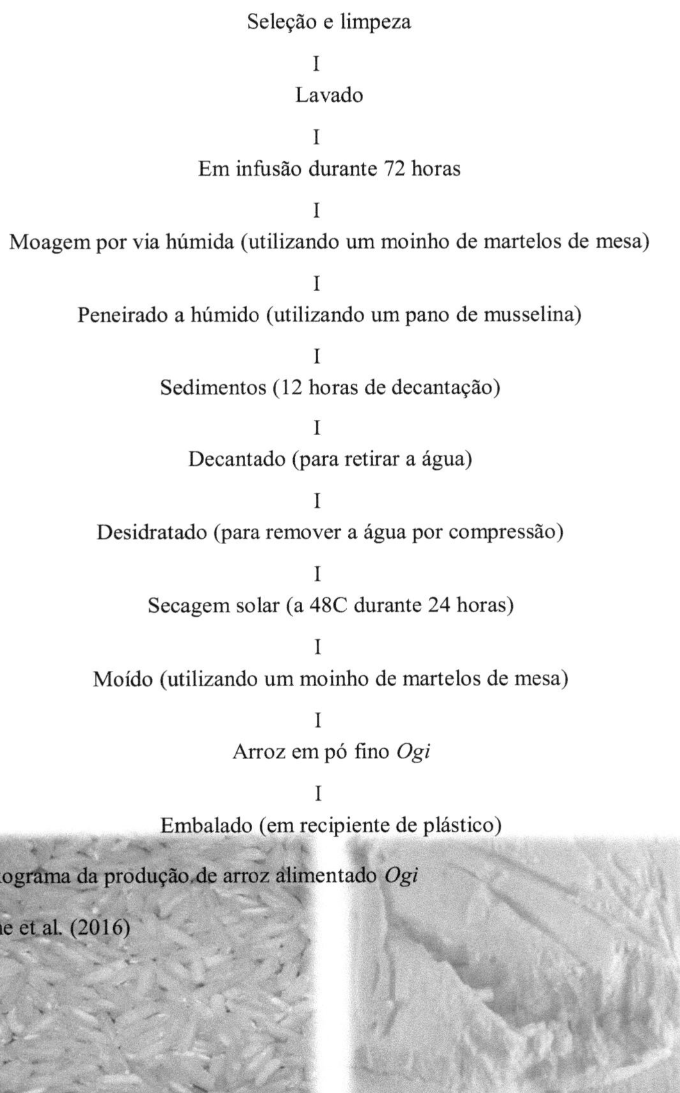

Figura 2: Grão de arroz longoFigura   3: *Ogi* de grão **de** arroz longo

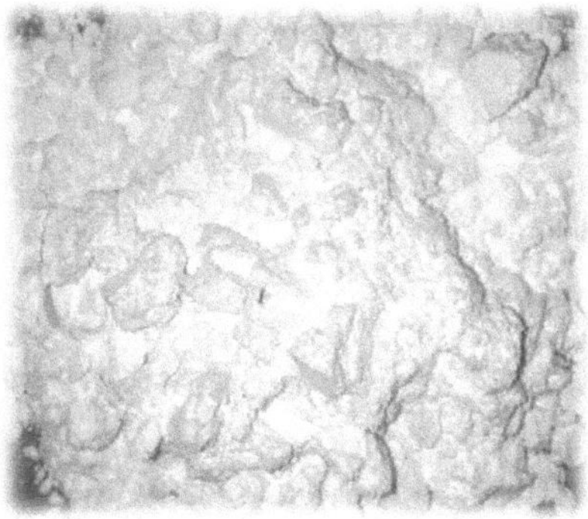

Figura 4: *Ogi* preparado **a partir de grãos longos** de arroz

Figura 6: *Ogi* de arroz **de** grão curto

Figura 7: **Farinha** *Ogi* **de** arroz preparada

2.2.3 Produção de farinha de amendoim bambara

O amendoim de Bambara foi selecionado, limpo e lavado. **Foi mergulhado num** volume de **1:5** de

O amendoim de Bambara foi colocado em água durante 24 horas, após o que foi descascado esfregando-o **abrasivamente** entre duas palmas. **Depois disso, foi lavado e** seco **numa tenda de secagem solar** a 480C

18

Figura 5: Grão curto **de arroz**

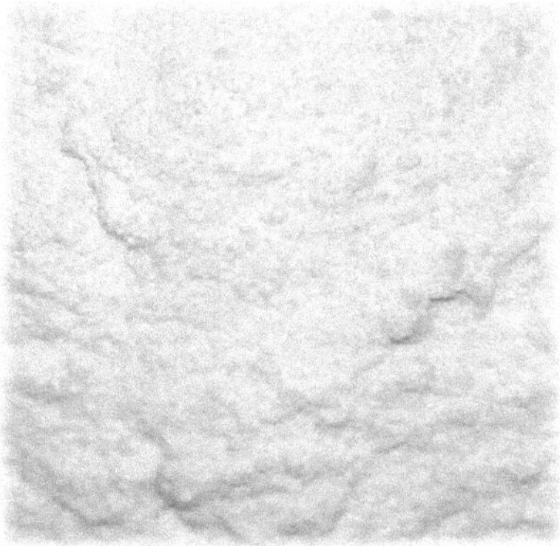

durante 24 horas. Posteriormente, foi moído com um moinho de martelos de mesa e deixado passar por um peneiro (Badau et al., 2016).

Matéria-prima (amendoim de bambara)

Separei
e limpei

I

Lavado

I

Em infusão (durante 24 horas)

I

Descascado (esfregando entre as palmas das mãos)

I

Secagem solar (a 48° C durante 25 horas)

I

Moído (com um moinho de martelos de mesa)

I

Peneirado (para obter farinha)

I

Embalado (em recipiente de plástico)

Figura 8: Fluxograma da produção de farinha de amendoim bambara

Fonte: Badau et al. (2016)

Figura 9: **Amendoim de** Bambara

Figura 10: **Farinha de amendoim bambara**

2.2.4 Maltagem de arroz

O arroz integral (paddy) foi **selecionado e** peneirado para remover a palha. **O arroz foi**

mergulhado em **água limpa durante 20 horas e deixado** a germinar durante 96 horas. **Depois**

disso, foi seco a 47^0 C durante 24 horas (**Almeida-Dominguez** et al., 1993; Badau et al., 2016).

Este **arroz foi** triturado

com cuidado num almofariz para retirar a casca. Em seguida, foi peneirada e seca num moinho de martelos.

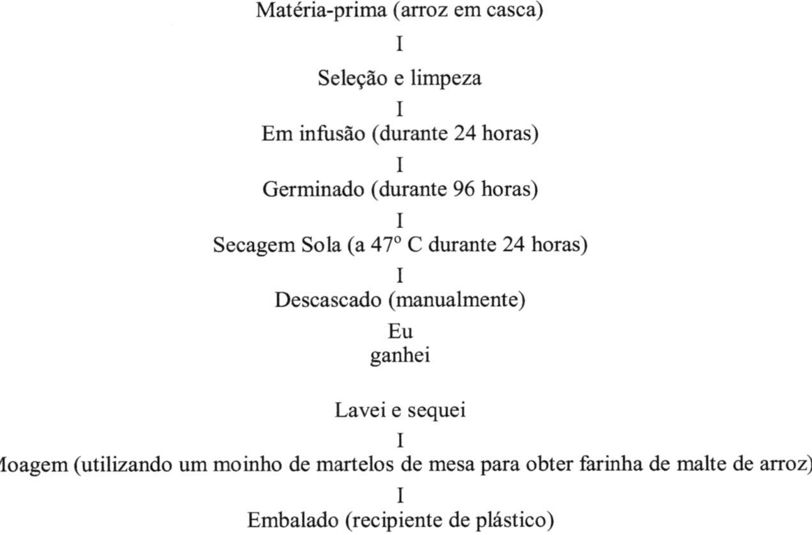

Figura 11: Fluxograma da produção de malte de arroz

Fonte: Almeida-Dominguez, et al., (1993) e Badau et al. (2016)

Figura 12: **Malte de arroz não**

Figura 13: **Malte de arroz**

Figura 14: Farinha de malte de arroz

2.2.5 Formulação de alimentos complementares a partir de arroz *Ogi*

O **alimento** complementar **foi formulado usando arroz** *Ogi* **em pó** e farinha de **amendoim bambara** numa proporção de 70:30 com e **sem** malte de arroz (Tabela 2.1), conforme descrito por **Almeida-Dominguez** et al. (1993) e (Badau et al., **2016**).

Quadro 2.1: Formações alimentares complementares

Código de amostra	Farinha *Ogi* de arroz de grão longo	Farinha *Ogi* de arroz de grão curto	Farinha de amendoim de Bambara	Farinha de malte de arroz	Açúcar	Total
A	66.50	0.00	28.50	0.00	5.00	100
B	0.00	66.50	28.50	0.00	5.00	100
C	63.00	0.00	27.00	5.00	5.00	100
D	0.00	63.00	27.00	5.00	5.00	100

Nota:
A = Arroz de grão longo Ogi 66,5 g, amendoim de bambara 28,5 g, malte de arroz 0 g e açúcar 5 g
B = Arroz de grão curto Ogi 66,5 g, amendoim de bambara 28,5 g, malte de arroz 0 g e açúcar 5 g **C** = Arroz de grão longo Ogi 63 g, amendoim de bambara 27 g, malte de arroz 5 g e açúcar 5 g **D** = Arroz de grão curto Ogi 63 g, amendoim de bambara 27 g, malte de arroz 5 g e açúcar 5 g

2.2.3 Determinação da distribuição percentual do tamanho das partículas dos alimentos complementares

A distribuição do tamanho das partículas dos alimentos complementares foi determinada utilizando o crivo de teste Endercotts (Modelo IMKII 11381 London UK) de diferentes aberturas, por ordem decrescente, começando pelo topo do crivo de 850 mesh com 100 g de amostra, que foi deixado passar por 600, 425, 300, 150, 74 pm mesh e, finalmente, pelo tabuleiro de base. A máquina funcionou durante 10 minutos e a quantidade de farinha retida em cada malha foi recolhida, pesada e registada (Nishita e Bean, 1982; Bristone et al., 2016)

2.2.4 Determinação das propriedades funcionais dos alimentos complementares

2.2.7.1 Densidade aparente

A amostra foi enchida até à proveta graduada de 10 ml (ou seja, até à marca de 10 ml da proveta) e foi batida até se obter um volume constante das misturas. A densidade aparente das misturas foi então calculada conforme descrito por Murphy et al. (2003).

$$\text{Densidade aparente (g/cm}^3\text{)} = \frac{\textbf{Peso das misturas (g)}}{\textbf{Volume das misturas (cm3)}} \quad \text{------ Eqn ------. 7}$$

2.2.7.2 Capacidade de inchaço

A capacidade de inchaço das misturas foi determinada utilizando 1 g. Depois disso, foram medidos 10 ml de água destilada e adicionados em cima de 1 g das misturas para serem bem misturados. Em seguida, foi aquecida a 80^0 C durante 30 minutos. Depois de aquecer a suspensão, esta foi centrifugada a 1000 rpm durante 15 minutos. O sobrenadante foi decantado e o peso da pasta foi medido (Ikegwu et al., 2010). O poder de inchamento foi calculado da seguinte forma:

$$\text{Capacidade de inchamento} = \frac{\textbf{Peso da pasta (g)}}{\textbf{Peso da farinha seca (g)}} \quad \text{----Eqn . 8}$$

2.2.5 Determinação da composição proximal dos alimentos complementares

2.2.8.1 Determinação do teor de humidade

O teor de humidade das misturas foi estimado pelo método de secagem em estufa. Cada amostra de mistura (5 g) foi medida em triplicado em três placas de Petri rotuladas diferentes. Antes disso, o peso dos pratos vazios foi medido e registado. As amostras foram colocadas numa estufa a 105 ± 1^0 C durante 3 horas. Após 3 horas de secagem, foram retiradas da estufa e arrefecidas em exsicadores. Todas foram novamente pesadas. As amostras foram novamente levadas à estufa para mais 30 minutos de secagem. Este procedimento foi repetido até se obter um peso constante (AOAC, 1990). A percentagem de humidade foi calculada utilizando a fórmula:

$$\text{Teor de humidade (g)} = \frac{\textbf{Perda de peso aquando da secagem}}{\textbf{Peso inicial das misturas}} \times 100 \qquad \text{Eqn. 9}$$

2.2.8.2 Determinação da matéria seca

O teor de matéria seca das amostras foi determinado pesando 5 gramas de amostras numa placa de Petri e colocando-as numa estufa quente a 105 ± 1^0 C até se obter um peso constante das amostras após a secagem.

peso constante das amostras após a secagem. Após a secagem na estufa, as amostras foram retiradas da estufa e deixadas a secar.

arrefecer em exsicadores (AOAC, 1990). Em seguida, a matéria seca foi calculada utilizando:

$$\text{Teor de matéria seca (g)} = \frac{\textbf{peso das misturas após secagem}}{\textbf{Peso inicial das misturas}} \times 100 \qquad \text{Eqn. 10}$$

2.2.8.3 Determinação do teor de cinzas

O teor de cinzas é o resíduo inorgânico resultante da incineração da amostra de alimentos. O

matéria orgânica queimada a 5500C, deixando apenas o resíduo. Por conseguinte, o teor de cinzas do

foi determinada utilizando 3 g da amostra colocada num cadinho. A amostra foi pré-lavada e

colocado num forno para incinerar completamente a 5500C durante 5 horas. Em seguida, foi retirado do forno

e foi arrefecido   em dessecadores antes da pesagem (AOAC, 1990). A percentagem de cinzas foi determinado utilizando:

$$\text{Teor de cinzas (g)} = \frac{\textbf{peso de cinzas}}{\textbf{Peso inicial das misturas}} \times 100 \qquad \text{Eqn. 11}$$

2.2.8.4 Determinação da matéria gorda bruta

Princípio: O método de extração de soxhlet para a determinação da gordura baseia-se nos princípios da extração gravimétrica da gordura da amostra por um solvente adequado, seguida da recuperação da gordura por evaporação. O solvente é colocado num balão, que é normalmente aquecido. O vapor sobe até entrar em contacto com o condensador, onde é normalmente arrefecido até se tornar líquido. O líquido cai então no extrator que contém a amostra num dedal. O componente gordo do alimento dissolve-se no solvente. O excesso de solvente que contém o extrato é refluído de volta para o frasco. Este processo é repetido várias vezes até que praticamente todas as gorduras da amostra sejam extraídas (AOAC, 1990).

Procedimento: O procedimento exigiu 3 g de amostra fechada com algodão e colocada num dedal de soxhlet. A unidade de extração foi montada como descrito acima. A gordura foi extraída durante 5 horas utilizando um solvente adequado (éter de petróleo) como meio de extração. A estimativa da gordura foi obtida por perda de peso da amostra ou por evaporação do excesso de solvente e pesagem da gordura extraída (AOAC, 1990).

$$\text{Teor de gordura (g)} = \frac{\textbf{peso da gordura}}{\textbf{Peso inicial das misturas}} \times 100 \qquad \text{Eqn. 12}$$

2.2.8.5 Determinação do teor de fibras

Princípio: Para determinar o teor de fibras de uma amostra de alimentos, a matéria orgânica não fibrosa bruta (hidratos de carbono solúveis) é removida por digestão com várias soluções, tais como ácidos minerais e álcalis, sendo que, após a perda durante o processo de cinzas, o resíduo (hidratos de carbono insolúveis, ou seja

celulose, lenhina), obtém-se o teor de fibra bruta.

Procedimento: pesou-se um grama da amostra e adicionou-se a 0,3N H_2SO_4; adicionou-se NaOH 1,5N em excesso e ferveu-se novamente. O resíduo foi filtrado e lavado com água destilada. Lavou-se novamente com HCl 0,3N, água e acetona, respetivamente, antes de secar e pesar o resíduo. O resíduo foi então transferido para um cadinho para o processo de cinzas num forno a 5500C durante 5 horas. Depois disso, a cinza restante (resíduo mineral) foi arrefecida em exsicadores antes de ser pesada (AOAC, 1990).

$$\text{Teor de fibras (g)} = \frac{\textbf{Peso de resíduo-Peso de cinza}}{\textbf{Peso inicial das misturas}} \times 100 \qquad \text{Eqn. 13}$$

2.2.8.6 Determinação do teor de proteínas

Princípio: No processo kjeldahl, as proteínas e outros componentes orgânicos dos alimentos presentes numa amostra são digeridos com ácido sulfúrico na presença de catalisadores. O azoto orgânico total é convertido em sulfato de amónio. O digerido é neutralizado com álcali e destilado numa solução de ácido bórico.

Os aniões borato formados são titulados com ácido normalizado, que é convertido em azoto na amostra. O resultado da análise representa o teor de proteínas brutas do alimento, uma vez que o azoto também provém de componentes não proteicos.

Digestão: Após a preparação, introduziu-se 1 g de amostra num balão de digestão de 100 ml. Foram adicionados ao balão: 2 g de sulfato de sódio anidro, 1 g de sulfato cúprico hidratado, uma pitada de selénio em pó e 10 ml de ácido sulfúrico concentrado, que foi digerido a 420oC durante 45 minutos até se obter uma digestão límpida. Após a digestão, adicionou-se água destilada ao balão até à marca de 100 ml e misturou-se bem.

Destilação: Após a digestão, introduziram-se 5 ml de ácido bórico num erlenmeyer de 250 ml e adicionaram-se 2 gotas de indicador. Em seguida, introduziram-se 5 ml do digerido diluído no aparelho de destilação. O tubo de saída foi submerso em água destilada para evitar a fuga de amoníaco após a introdução de 20 ml de NaOH a 40% no balão. Destilou-se então para o erlenmeyer de 250 ml que continha o ácido bórico e o indicador (bromocresol e vermelho de metilo) até se recolherem cerca de 50 - 75 ml de destilado (Egan et al., 1988; AOAC, 1990; Nielsen, 2002).

Titulação: O destilado no erlenmeyer foi titulado com uma solução-padrão de ácido clorídrico (HCl) até ao ponto final. Registou-se o volume do título, ou seja, o volume de HCl trocado com o indicador, e calculou-se a percentagem de proteína bruta.

$$\textbf{Teor de proteínas (g)} \quad \frac{A \times C \times 100 \times 1 \times 6.25}{B \times D \times 1000 \times E} \qquad \text{Eqn. 14}$$

Onde:

A=Volume de solução de HCl padrão adicionado (valor do título)

B=Volume da solução de amostra tomada para destilação

C=Volume da amostra efectuada após a digestão

D=Peso da amostra colhida para digestão

E=Fator ácido

2.2.8.7 Determinação do teor de hidratos de carbono

A percentagem disponível de hidratos de carbono na amostra foi estimada por diferença, ou seja,

{100%- % (humidade + proteína + cinzas + fibra + gordura)} como descrito por Chibuzo e Ali (1995) e Asma et al. (2006).

Teor de hidratos de carbono (g) = 100 g - (g de humidade + g de proteínas + g de cinzas + g de fibras + g de gorduras) Eqn. 16

2.2.8.8 Determinação do valor energético total

O valor energético total foi determinado utilizando o fator Atwater ou o valor fisiológico do combustível. O valor energético das misturas foi calculado em KJ por 100 g de alimento, ou seja, 17 KJ por grama de hidratos de carbono, 17 KJ por grama de proteínas e 37 KJ por grama de gordura, como descrito por Onwuka (2005).

Valor energético total = hidratos de carbono g (17 KJ) + proteínas g (17 KJ) + lípidos g (37 KJ)

Eqn. 17

2.2.8.9 Determinação da contagem de placas microbianas

A contagem total de placas foi determinada utilizando o método de diluição em série. Tomou-se um grama das misturas e misturou-se assepticamente com 9 ml de água destilada estéril num frasco bijou estéril. Em seguida, transferiu-se 1 ml dos diluentes com pipetas estéreis. Esta operação foi prosseguida até se obterem os quintos diluentes desejados (10^{-5}). Foi também criado um controlo em branco semelhante. Todos foram etiquetados com as respectivas placas de Petri estéreis para inoculação. Depois disso, cada um dos 1 ml das diluições finais foi transferido para placas de Petri que foram rotuladas em conformidade. Para a inoculação, utilizou-se um método de placa vertida. Verteu-se então ágar nutriente preparado nessas placas de Petri, agitou-se e deixou-se solidificar. As placas inoculadas foram incubadas a 35 °C durante 24 horas.

horas. As colónias foram contadas utilizando um contador de colónias e o resultado final foi calculado (Jideani e Jideani, 2006). Da mesma forma, a contagem de bolores e leveduras foi determinada como descrito para a contagem total em placas. No entanto, foi utilizado ágar dextrose de batata (PDA) e, ao mesmo tempo, foram utilizadas técnicas de placa vertida. Todas as placas foram incubadas à temperatura ambiente durante cinco dias, tal como descrito por Harigan e McCance (1979). A unidade formadora de colónias foi calculada utilizando

Unidade formadora de colónias (CFU/g) =

$$\frac{\textbf{Número de colónias}}{\textbf{Volume transferido para a placa x fator do branco da diluição}} \qquad \text{Eqn. 18}$$

2.2.6 Avaliação sensorial

A amostra foi preparada começando por constituir 40 g com 50 ml de água limpa e foi introduzida em 150 ml de água a ferver. Esta quantidade foi calculada para obter uma concentração de 20% (p/v). O material foi aquecido durante 2 minutos e agitado constantemente para obter uma consistência uniforme. Em seguida, deixou-se arrefecer antes de efetuar o exame sensorial. As caraterísticas sensoriais da amostra foram determinadas por 15 membros do painel selecionados de entre os estudantes e o pessoal do Departamento de Ciência e Tecnologia Alimentar da Universidade de Maiduguri.

Os membros do painel são aqueles que estão familiarizados com a qualidade sensorial dos produtos, nomeadamente em termos de cor, sabor, textura, consistência e textura. O alimento complementar convencional à base de arroz (Friso gold) foi utilizado como controlo. As amostras foram apresentadas aos provadores num copo de plástico branco transparente para levar. Os copos que continham as amostras foram codificados com números aleatórios de três dígitos. As amostras foram avaliadas numa escala hedónica de nove pontos, começando por 9 - gosto extremamente, 8 - gosto muito, 7 - gosto moderadamente, 6 - gosto ligeiramente, 5 - nem gosto nem desgosto, 4 - desgosto ligeiramente, 3 - desgosto moderadamente, 2 - desgosto muito e 1 - desgosto extremamente. Foi também pedido aos participantes do painel que enxaguassem a boca com água limpa de mesa antes de provarem qualquer amostra subsequente (Lammond, 1997).

Figura 15: Papas preparadas a partir de misturas de arroz *Ogi*

2.2.7 Análise estatística

Todos os resultados **relativos às propriedades físicas** do grão foram determinados dez vezes. A distribuição **do tamanho das partículas, as propriedades funcionais, a contagem de placas microbianas e a composição proximal das misturas** foram determinados três vezes; enquanto os atributos sensoriais das misturas foram determinados

quinze vezes. Os dados gerados foram submetidos a uma análise de variância (ANOVA) utilizando

o IBM SPSS Statistics versão 20 e as médias foram separadas pelos testes de intervalo múltiplo de

Duncan a um nível de significância de 5% (Duncan, 1995).

Capítulo 3

3.0 RESULTADOS E DISCUSSÃO

3.1 Propriedades físicas do grão de arroz

O resultado da percentagem de pureza, descoloração, fracções quebradas de grãos, pureza e impureza de grãos, comprimento de grãos, largura de grãos, relação entre comprimento e largura de grãos e peso de 1000 grãos é indicado no Quadro 3.1. A percentagem de pureza dos grãos variou de 98,55-95,65%, a percentagem de descoloração 0,85-0,14%, a percentagem de grãos partidos 6,58-1,20%, a percentagem de impureza 0,91-2,30%, o comprimento 5,28-6,83 mm, a largura 2,17-2,79 mm, a relação entre o comprimento e a largura 1,89-3,13, o peso de 1000 grãos 19,69-19,80 g. O resultado obtido mostrou uma diferença significativa ($p < 0,05$). Observou-se que a percentagem de pureza e o rácio de aspeto (Ra) do grão de arroz longo são superiores aos do grão de arroz curto. Por outro lado, a percentagem de descoloração, a percentagem de fracções quebradas, a percentagem de impurezas e a largura do arroz de grão curto foram superiores às do arroz de grão longo. O peso de 1000 grãos de arroz de grão longo e de grão curto não variou significativamente, como se observou, apenas com uma ligeira fração de 0,11 g. Esta ligeira fração de peso superior foi observada no arroz de grão longo em comparação com o peso do arroz de grão curto.

A percentagem de arroz integral e de grãos partidos é geralmente considerada como critério de valor de mercado. Os grãos partidos têm metade do valor de mercado em comparação com o arroz integral na maior parte da Nigéria e, por vezes, podem ser muito inferiores. De acordo com a recomendação da FAO (2017), o Índice de Preços do Arroz baseia-se em 16 cotações de exportação de arroz. A este respeito, a "qualidade" do arroz é definida pela percentagem de grãos partidos, sendo que a qualidade alta (baixa) se refere ao arroz com menos (igual ou mais) de 20 por cento de grãos partidos. O Sub-índice do Arroz Aromático segue a evolução dos preços de

Arroz basmati e perfumado. Alguns parâmetros de engenharia, como a percentagem de pureza do arroz, a descoloração, o arroz quebrado, a pureza e a impureza, o comprimento e a largura do arroz, afectam geralmente os parâmetros de moagem necessários. Mas, de acordo com Ndinding et al. (2014), o arroz produzido nos Camarões tem geralmente níveis elevados de fracções quebradas (35% - 63%). A maior proporção de fracções quebradas é produzida pelos moinhos do tipo Engelberg (50% - 63%), seguida pelos moinhos do tipo rolo de borracha comercial Satake (36% - 46%) e a menor pelo descascador manual de laboratório Satake (11% - 17%). O arroz branqueado foi então agrupado em três classes distintas: muito quebrado, moderadamente quebrado e pouco quebrado, com 75 - 80%, 55 - 70% e 23-30%, respetivamente. Nenhuma destas classes se enquadra na recomendação da FAO (2017). No entanto, os valores da percentagem de fracções quebradas do arroz obtidos para este estudo, tanto para o arroz de grão longo como para o de grão curto, estão dentro da recomendação da FAO para o arroz de alta qualidade. Isto significa que nos mercados locais nigerianos, para além do arroz de baixa qualidade, existem algumas quantidades razoáveis de arroz de alta qualidade (moído localmente) que estão em circulação.

Neste estudo, os resultados mostraram que o arroz de grão longo é superior em termos de qualidade ao arroz integral. No entanto, quanto mais elevados forem os grãos partidos, mais baixa é a qualidade, e quanto mais baixos forem os grãos partidos, mais elevada é a qualidade. Isto significa que quanto maior for a pureza dos grãos, maior será a qualidade do produto a produzir. Espera-se sempre que uma matéria-prima de boa qualidade produza um melhor resultado. O resultado da dimensão do grão das duas variedades de arroz foi categorizado com base na literatura. O comprimento do grão superior a 6,00 mm é classificado como grão longo e o comprimento inferior a 5,50 mm é classificado como arroz de grão curto. Duas variedades estudadas têm uma relação L/W superior a 3,0 e foram designadas como grãos delgados e a relação L/W inferior a 3,0 e foram categorizadas como grãos arrojados (IRRI, 1981; Nkama et al, 2011). O arroz de grão longo tem o peso mais elevado, 19,80, e o arroz de grão curto tem o peso mais baixo, 19,69. O peso de mil grãos para o arroz de grão longo e o arroz de grão curto têm menos de 20 gramas e são classificados como grãos moderadamente pesados, conforme relatado por Nkama et al. (2011).

Quadro 3.1: Propriedades físicas do arroz de grão longo e do arroz de grão curto

Variedades	Arroz de grão longo	Arroz de grão curto
Percentagem de pureza	98.55[a]	95.65[b]
Percentagem de descoloração	0.14[b]	0.85[a]
Percentagem de grãos partidos	0.58[b]	1.20[a]
Percentagem de impureza	0.91[b]	2.30[a]
Total	100	100
Comprimento (mm)	6.83[a]	5.28[b]
Largura (mm)	2.17[b]	2.79[a]
Rácio de aspeto (Ra)	3.15[a]	1.89[b]
Peso de 1000 grãos (g)	19.80[a]	19.69[a]
Classificação da forma		
Peso	moderadamente pesado	moderadamente pesado
Forma	Esguio	Negrito

Cada valor é a média de dez determinações. Os valores médios numa linha que não partilham letras sobrescritas comuns são significativamente diferentes (P<0,05).

3.2 Distribuição granulométrica dos alimentos complementares

A análise do tamanho de partícula das misturas registada para cada uma das malhas variou entre 0,02-0,06 g (isto é, para a malha de 850 pm), 0,02-0,06 g (600 pm), 48,60-53,50 g (425 pm), 22,18-36,21 g (300 pm), 11,02-15,60 g (150 pm), 4,00-8,95 g (74 pm) e para a recolha da panela de base 0,10-0,88 g, respetivamente. O resultado da distribuição do tamanho das partículas das misturas mostrou geralmente uma diferença significativa (p < 0,05) na maior parte da distribuição. No entanto, a distribuição percentual do tamanho das partículas das misturas nas malhas 850 pm e 600 pm não variou muito com base no desvio médio do grupo, apenas com ligeiras diferenças de ± 0,018 g e ± 0,016 g, respetivamente. Na malha 425 pm, a distribuição do tamanho das partículas das misturas variou ± 2,08 g. Enquanto nas malhas 300 pm, 150 pm, 74 pm e base pan, observou-se que a distribuição do tamanho das partículas das misturas variou ± 5,91 g, ± 2,16 g, ± 2,06 g e ± 0,35 g, respetivamente. As distribuições de tamanho de partícula foram observadas como sendo mais altas na malha de 425 pm, mais baixas na malha de 850 pm e na base do agitador de peneiras. A percentagem de retenção mais elevada foi observada na malha 425, seguida da malha 300 pm, da malha 150 pm, da malha 74 pm, do tabuleiro de base e, por último, da malha 600 pm e da malha 850 pm. Observou-se que a malha 425 pm tinha cerca de 50% de retenção de farinha do peso total das farinhas.

A recomendação para as misturas é que um mínimo e um máximo de 99% e 60% devem passar pelo crivo normalizado americano n.º 6 para obter boas caraterísticas de humidade. A dimensão das partículas das farinhas desempenha um papel importante na qualidade final do produto. A solubilidade, as caraterísticas de textura, a interação do amido ou de outros componentes moleculares com enzimas, a redução do teor de fibras dos alimentos se o tamanho das partículas da farinha for reduzido para níveis mais finos, a uniformidade e a aceitabilidade pelos consumidores são os benefícios de uma distribuição granulométrica mais pequena (Iwe, 2003; Asma, et al., 2006; Chandra e Shamsh, 2013; Bristone et al. 2016). No entanto, para a produção e preparação de muitos outros alimentos, como o *Burabusko* ou o *Dakere,* são necessários grãos de farinha. Relativamente à distribuição do tamanho das partículas de *Ogi,* Bristone et al. (2016) relataram resultados semelhantes obtidos a partir de *Ogi* de milho complementado com soja e malte de sorgo. No entanto, houve uma variação significativa em termos de sua coleção de panelas de base. Também neste estudo, o *Ogi* de arroz complementado com amendoim bambara e malte de arroz é uniformemente distribuído do que o *Ogi* de milho complementado com soja e malte de sorgo relatado por Bristone et al. (2016). Pode não estar muito longe do efeito de aglomeração (agregação) de partículas de farinhas. Ojha e Micheal (2006), Mijinyawa et al. (2007) e Sahay (2008) relataram a moagem de alimentos básicos e as condições necessárias para produzir vários tamanhos de partículas, grãos, aglomerados, produtos de deslizamento ou produtos batidos. Os componentes químicos dos alimentos básicos variam e por isso foi relatado que afectam o processo de moagem, especialmente na passagem de materiais de farinha através do crivo.

Quadro 3.2: Distribuição do tamanho das partículas dos alimentos complementares

Misturas	A	B	C	D
Malha (pm)	100 gramas	100 gramas	100 gramas	100 gramas
850	0.03[c]	0.06[a]	0.02[d]	0.05[b]
600	0.04[b]	0.06[a]	0.04[b]	0.02[c]
425	53.50[a]	49.85[c]	50.58[b]	48.60[d]
300	22.18[d]	30.36[b]	26.85[c]	36.21[a]
150	14.91[b]	12.32[c]	15.60[a]	11.02[d]
74	8.95[a]	7.15[b]	6.03[c]	4.00[d]

Tabuleiro de base	0.39^b	0.20^c	0.88^a	0.10^d
Total	100	100	100	100

Cada valor é a média de determinações em triplicado. Os valores médios numa linha que não partilham letras sobrescritas comuns são significativamente diferentes (P<0,05).
Nota:
A = Arroz de grão longo Ogi 66,5 g, amendoim de bambara 28,5 g, malte de arroz 0 g e açúcar 5 g
B = Arroz de grão duro Ogi 66,5 g, amendoim de bambara 28,5 g, malte de arroz 0 g e açúcar 5 g
C = Arroz de grão longo Ogi 63 g, amendoim de bambara 27 g, malte de arroz 5 g e açúcar 5 g
D = Arroz de grão curto Ogi 63 g, amendoim de bambara 27 g, malte de arroz 5 g e açúcar 5 g

3.3 Contagens microbianas totais, capacidade de intumescimento e densidade aparente de alimentos complementares

As contagens microbianas totais, a capacidade de inchamento e a densidade aparente dos alimentos complementares são indicadas no Quadro 3.3. A contagem total em placas variou entre $2,1\times10^5$-$3,3\times10^5$ CFU/g, a contagem de leveduras e bolores 7×10^4-$1,7\times10^5$ CFU/g, a densidade aparente 0,67-0,82 g/cm^3, a capacidade de inchamento 7,28-8,43. Observou-se que as contagens totais de leveduras e bolores em ambas as misturas que continham malte de arroz registaram um número mais elevado de leveduras e bolores. Mas as contagens totais de placas das misturas sem malte de arroz registaram um maior número total de contagens. A densidade aparente das misturas que contêm grãos longos de arroz registou um ligeiro aumento da densidade aparente quando se adicionou malte de arroz. A capacidade de inchamento das misturas que contêm arroz de grão longo também registou um aumento da capacidade de inchamento com a adição de malte. No entanto, as misturas produzidas a partir de arroz de grão curto não registaram um aumento da capacidade de inchamento, como observado.

Foi referido que o processo de maltagem favorece o crescimento de microrganismos, especialmente de leveduras e bolores, uma vez que a utilização de água, que aumenta o nível de humidade dos grãos, cria condições favoráveis à proliferação microbiana (Badau et al., 2016). Esta foi uma possível razão para um maior crescimento de bolores e leveduras (contagens) nas formulações que continham malte do que naquelas que não continham malte. No entanto, as contagens totais em placa das formulações que continham malte de arroz apresentavam um número inferior de contagens totais em placa do que as formulações sem malte; é óbvio que a adição de malte de arroz teve um efeito significativo nas contagens microbianas totais das misturas. Mesmo assim, foi relatado que *o Ogi* geralmente contém um número substancial de microrganismos, especialmente bactérias do ácido lático (Bolaji et al. 2015). A presença de tais organismos no *Ogi* constitui uma vantagem adicional para os seus consumidores devido aos seus benefícios para a saúde. Atualmente, alguns fabricantes de alimentos complementares comerciais incorporam *Bifidobacterium sp* nas fórmulas infantis, propositadamente pelos seus benefícios para a saúde. Indian Women Health (2012), conhecendo os benefícios do consumo de alimentos que contêm bactérias do ácido lático, recomendou iogurtes e queijo para o desmame de bebés, a fim de melhorar a transição da ingestão de alimentos líquidos para alimentos sólidos. Da mesma forma, observou-se que os resultados das contagens microbianas obtidas para essas misturas corresponderam aos achados de Bristone et al. (2016) e Badau et al. (2016). Outra possibilidade para um maior número de contagens microbianas pode ser o ambiente, como os utensílios de cozinha, a máquina de moagem e os materiais de embalagem (Jideani e Jideani, 2006). É a partir deste aspeto que pode surgir uma contaminação microbiana com implicações para a saúde ou que pode representar um perigo grave para a saúde ou tornar os produtos impróprios para consumo humano. Relativamente às propriedades funcionais das misturas, foram também relatados casos semelhantes de *Ogi* de milho complementado com soja e malte de sorgo (Bristone et al. 2016).

Quadro 3.3: Contagens microbianas totais, capacidade de intumescimento e densidade aparente dos alimentos complementares

Misturas	Contagem de bolores e leveduras (CFU/g)	Contagem total de placas (CFU/g)	Capacidade de inchaço	Densidade a granel (g/cm)^3
A	1.5×10^5	2.4×10^5	8.00^b	0.72^b

B	7 x 104	3.3×10^5	7.81^c	0.67^c
C	2.4×10^5	2.1×10^5	8.43^a	0.82^a
D	1.7×10^5	3.1×10^5	7.28^d	0.67^c

Cada valor é a média de determinações em triplicado. Os valores médios de uma coluna que não partilham letras sobrescritas comuns são significativamente diferentes (P<0,05).
Nota:
A = Arroz de grão longo Ogi 66,5 g, amendoim de bambara 28,5 g, malte de arroz 0 g e açúcar 5 g
B = Arroz de grão duro Ogi 66,5 g, amendoim de bambara 28,5 g, malte de arroz 0 g e açúcar 5 g
C = Arroz de grão longo Ogi 63 g, amendoim de bambara 27 g, malte de arroz 5 g e açúcar 5 g
D = Arroz de grão curto Ogi 63 g, amendoim de bambara 27 g, malte de arroz 5 g e açúcar 5 g

3.4 A composição proximal dos alimentos complementares

A composição proximal dos alimentos complementares é apresentada no Quadro 3.4. O teor de matéria seca das misturas variou entre 94,00-94,70 g, teor de humidade 5,30-6,00 g, proteína 8,79-9,84 g, gordura 1,00-1,30 g, fibra bruta 4,00-6,00 g, cinzas 1,00 g (sem variação), hidratos de carbono 76,66-78,61 g, e valor energético 1502,40-1533,90 KJ. O resultado da composição proximal das misturas para matéria seca e cinzas não mostrou qualquer diferença significativa (p > 0,05). Para os outros parâmetros, registaram-se apenas ligeiras variações. Observou-se que a composição proximal das misturas produzidas a partir de todas as formulações, com base no desvio médio do grupo, não mostrou muita variação, especialmente para cinzas e gordura (± 0,00 g e ± 0,30 g, respetivamente). Já os valores de proteínas, fibra bruta, hidratos de carbono, humidade, matéria seca e energia são de ± 0,46 g, ± 0,85 g, ± 0,98 g, ± 0,33 g, ± 0,33 g e ± 16,59 g, respetivamente.

Em geral, observou-se que a composição proximal desses alimentos formulados, especialmente para a proteína, é moderadamente baixa em comparação com 12,88-14,48 g de proteínas de milho Ogi complementadas com soja (Bristone et al. 2016). No entanto, observou-se que todas as formulações estavam dentro da faixa segura de nível de proteína (ou seja, 8 - 12%) prescrita por muitos pesquisadores, produtores de alimentos para bebés e agências internacionais (Comissão Europeia, 2003; Nestle Nutrition Institute, 2005; Kane et al., 2010; CAC, 2015). Isto porque foi afirmado que este grupo de bebés (PKU) apenas tolera uma pequena quantidade de proteína natural (menos de 10 g por dia) e necessita de suplementação com substituto proteico sem fenilalanina (MacDonald et al. 2011). Também foi observado que estas misturas serão boas para bebés que recuperam de desnutrição grave. Os teores proteicos das misturas produzidas estão dentro do intervalo de proteínas prescrito nas fórmulas para bebés. Isto significa que estas misturas não se encontram dentro da gama de fórmulas de transição para lactentes (Comissão Europeia, 2003; Nestle Nutrition Institute, 2005; Kane et al., 2010; CAC, 2015). Outras propriedades das misturas, como a humidade, as gorduras, as fibras, os hidratos de carbono e o valor energético, estão moderadamente dentro dos limites recomendados. (CAC, 1991, Comissão Europeia, 2003; Nestle Nutrition Institute, 2005; Asma et al., 2006; Kane et al., 2010; Elemo et al., 2011; CAC, 2015)

Embora o valor nutricional do arroz varie consoante as diferentes variedades, o método de transformação pode ser atribuído ao elevado teor de amido e a outros componentes do grão que podem influenciar a composição dos produtos finais. Oko et al., (2011) afirmaram que o grau de moagem é um dos principais factores que afectam vários aspectos da qualidade do arroz, como a nutrição, podendo provocar variações no teor de nutrientes dos produtos finais. Por conseguinte, recomenda-se que o arroz *Ogi* seja complementado com muitas fontes de proteína, como a soja, se necessário, para obter um maior rendimento de proteína no produto final. No entanto, a recomendação do teor proteico dos alimentos não se refere exclusivamente à quantidade de proteína dos alimentos. Trata-se também da qualidade da proteína dos alimentos: conteúdo de aminoácidos essenciais e digestibilidade da proteína, que mede tanto os aminoácidos essenciais como os não essenciais (Ihekoronye e Ngoddy, 1985; Nielson, 2002)

Misturas	A	B	C	D
Matéria seca	94.20^a	94.00^a	94.70^a	94.00^a
Teor de humidade	5.80^b	6.00^{ab}	5.30^c	6.00^{ab}
Proteína	9.19^c	9.58^b	8.79^d	9.84^a
Gordura	1.00^b	1.00^b	1.30^a	1.00^a
Fibra bruta	6.00^a	4.00^d	5.00^c	5.50^b
Cinzas	1.00^a	1.00^a	1.00^a	1.00^a
Hidratos de carbono	77.01^b	78.42^a	78.61^a	76.66^b
Energia (KJ)	1502.40^d	1533.00^b	1533.90^a	1507.50^c

Cada valor é a média de determinações em triplicado. Os valores médios numa linha que não partilham letras sobrescritas comuns são significativamente diferentes (P<0,05).
Nota:
A = Arroz de grão longo Ogi 66,5 g, amendoim de bambara 28,5 g, malte de arroz 0 g e açúcar 5 g
B = Arroz de grão duro Ogi 66,5 g, amendoim de bambara 28,5 g, malte de arroz 0 g e açúcar 5 g
C = Arroz de grão longo Ogi 63 g, amendoim de bambara 27 g, malte de arroz 5 g e açúcar 5 g
D = Arroz de grão curto Ogi 63 g, amendoim de bambara 27 g, malte de arroz 5 g e açúcar 5 g

3.5 Avaliação sensorial do alimento complementar

O resultado dos atributos sensoriais das misturas é apresentado no quadro 3.5. Os atributos sensoriais registados para o sabor variaram entre 7,73-8,12, a cor 8,13-8,45, o aspeto 8,13-8,93, a textura 7,27-8,00, a consistência 8,13-8,47 e a aceitabilidade global 7,80-8,93. Os atributos sensoriais das misturas para a cor e a aceitação global não revelaram qualquer diferença significativa (p > 0,05). No entanto, no que respeita ao sabor, ao aspeto, à textura e à consistência das misturas, apenas se observaram ligeiras variações. O desvio médio do grupo entre os atributos sensoriais não variou muito como observado. Relativamente ao sabor, observou-se ± 0,15, à cor ± 0,14, ao aspeto ± 0,34, à textura ± 0,33, à consistência ± 0,15 e à aceitação global ± 0,43. Todas as pontuações dos provadores se situaram entre os intervalos "gostei moderadamente" e "gostei muito". No entanto, observou-se que *o Ogi* produzido a partir de arroz de grão longo complementado com amendoim de bambara e sem malte de arroz obteve uma classificação mais elevada do que as outras formulações. Seguiram-se o Friso gold (controlo) e o *Ogi* produzido a partir de arroz de grão curto complementado com amendoim de bambara e sem malte de arroz. As outras duas formulações (isto é, arroz de grão longo e de grão curto complementado com amendoim de bambara e com malte de arroz) foram as menos bem classificadas devido às suas baixas pontuações em termos de sabor e textura. Isto significa que houve efeitos significativos do malte de arroz nas duas formulações, uma vez que os provadores foram capazes de detetar alterações devido à adição de malte de arroz, resultando na classificação dos seus atributos sensoriais de sabor e textura ao nível de gostei moderadamente.

Os atributos sensoriais são perfis organolépticos dos alimentos que influenciam a escolha ou a preferência dos consumidores. Ihekoronye e Ngoddy (1985) referiram que o sabor, a textura e a aparência são as caraterísticas mais importantes e imediatas (atributos sensoriais) dos alimentos que os consumidores podem avaliar prontamente, levando à rejeição ou aceitação. Muitos alimentos complementares relatados, geralmente têm classificações de painelistas entre os níveis de gostar ligeiramente e gostar moderadamente (ou seja, 6 e 7 na escala hedónica de nove pontos). Badau et al. (2016) produziram uma formulação de alimentos complementares a partir de misturas de cultivares de arroz melhorados, soja e malte de sorgo; e foi classificado principalmente no ponto de não gostar nem desgostar e gostar ligeiramente (ou seja, 5, 6). Bristone et al. (2016) produziram *Ogi* de milho que foi complementado com soja e malte de sorgo. As classificações sensoriais para este produto, na sua maioria no ponto gosto ligeiramente e gosto moderado (i.e. 6, 7). Esther (2013) produziu *Ogi* a partir de sorgo, painço e milho separadamente, sem complementação. Foi classificado principalmente no ponto de não gostar ligeiramente, nem gostar nem não gostar e gostar ligeiramente. Exceto para aqueles que foram produzidos a partir de sorgo que tiveram classificações principalmente no ponto de gostar ligeiramente e gostar moderadamente. Eshun et al. (2011) examinaram o teor de nutrientes e a aceitabilidade sensorial de uma dieta de desmame formulada a partir de misturas de soja, amendoim e arroz, mostrando atributos sensoriais maioritariamente classificados no ponto "gosto ligeiramente" e "gosto moderadamente". No entanto, as misturas com classificações de "gosto moderado" tinham sabor a vanilina. Um estudo de investigação semelhante realizado por Adebayo-Oyetoro et al. (2011) usando farinha de arroz misturada com amendoim bambara, ainda não coincidiu bem com o presente estudo. Isto deve-se ao facto de as classificações dos membros do painel estarem, na sua maioria, ligeiramente dentro do ponto. Torna-se óbvio que *o Ogi* de arroz complementado com amendoim de bambara e malte de arroz, se fosse utilizado à escala industrial, seria globalmente aceitável.

Quadro 3.5: Atributos sensoriais dos alimentos complementares

Misturas	Ouro Friso	A	B	C	D
Sabor	8.12[a]	8.07[a]	8.00[a]	7.90[b]	7.73[a]
Cor	8.45[a]	8.13[a]	8.13[a]	8.13[a]	8.13[a]
Aparência	8.93[a]	8.45[c]	8.61[b]	8.13[d]	8.13[d]
Textura	7.27[c]	8.00[a]	7.81[b]	7.93[a]	7.40[c]
Consistência	8.47[a]	8.13[b]	8.13[b]	8.13[b]	8.13[b]
Em geral Aceitabilidade	8.27[a]	8.47[a]	8.93[a]	7.80[a]	8.06[a]

Cada valor é a média de quinze determinações. Os valores médios numa linha que não partilham

Nota:

A = Arroz de grão longo Ogi 66,5 g, amendoim de bambara 28,5 g, malte de arroz 0 g e açúcar 5 g

B = Arroz de grão duro Ogi 66,5 g, amendoim de bambara 28,5 g, malte de arroz 0 g e açúcar 5 g

C = Arroz de grão longo Ogi 63 g, amendoim de bambara 27 g, malte de arroz 5 g e açúcar 5 g

D = Arroz de grão curto Ogi 63 g, amendoim de bambara 27 g, malte de arroz 5 g e açúcar 5 g

CONCLUSÃO

Este estudo investigou com sucesso as propriedades físicas do arroz de grão longo e curto que foi moído a nível industrial local. Mais importante ainda, a distribuição lateral das partículas, as propriedades funcionais, a contagem de placas microbianas, a composição proximal e os atributos sensoriais do arroz Ogi produzido a partir desses grupos de arroz foram complementados com amendoim bambara e examinados.

Observou-se que a percentagem de pureza e o rácio de aspeto (Ra) do arroz de grão longo eram superiores aos do arroz de grão curto. Por outro lado, a percentagem de descoloração, a percentagem de fracções quebradas, a percentagem de impurezas e a largura do arroz de grão curto foram superiores às do arroz de grão longo. O peso de 1000 grãos de arroz de grão longo e de grão curto não variou significativamente, como se observou, apenas com uma ligeira fração de 0,11 g. A percentagem mais elevada de retenção foi observada na malha 425, seguida da malha 300 pm, da malha 150 pm, da malha 74 pm, da bandeja de base e, por último, da malha 600 pm e da malha 850 pm. Observou-se que a malha 425 pm tinha cerca de 50% de retenção de farinha do peso total das farinhas. As misturas de densidade aparente que contêm arroz de grão longo apresentaram um ligeiro aumento da densidade aparente quando se adicionou malte de arroz. A capacidade de inchaço das misturas que contêm arroz de grão longo também mostrou um aumento da sua capacidade de inchaço com a adição de malte. As contagens totais em placa das formulações que contêm malte de arroz apresentaram um número mais baixo de contagens totais em placa do que as formulações sem malte, enquanto as contagens totais de leveduras e bolores em ambas as misturas que contêm malte de arroz registaram um número mais elevado de leveduras e bolores. Os teores de proteínas das misturas produzidas estão dentro do intervalo indicado de proteínas prescritas nas fórmulas para lactentes. Outras propriedades das misturas, como a humidade, as gorduras, as fibras, os hidratos de carbono e o valor energético, estão moderadamente dentro dos limites recomendados. Observou-se que *o Ogi* produzido a partir de arroz de grão longo complementado com amendoim de bambara e sem malte de arroz obteve uma classificação mais elevada do que as outras fórmulas. Seguiram-se o Friso gold (controlo) e o *Ogi* produzido a partir de arroz de grão curto complementado com amendoim de bambara e sem malte de arroz. As outras duas formulações (isto é, arroz de grão longo e de grão curto complementado com amendoim de bambara e com malte de arroz) foram as menos bem classificadas devido às suas baixas pontuações em termos de sabor e textura. *O arroz Ogi* complementado com amendoim bambara e malte de arroz deve ser aproveitado à escala industrial, a fim de captar a atenção mundial.

REFERÊNCIAS

Adebayo-Oyetoro, A. O, Olatidoye, O. P, Ogundipe, O. O, Akande, E. A e Isaiah, CG (2012). Produção e avaliação da qualidade de alimentos complementares formulados a partir de noz de sorgo fermentada e gengibre. *Jornal de Biociências Aplicadas.* Pp. 3901-3903

Adedokun, I.I, Okorie, S.U. e Barizaa B. (2014). Avaliação das qualidades de proximidade, fibra e aceitabilidade do consumidor de misturas de bebidas lácteas de bambaranut-tigernut-coco. *Jornal Internacional de Nutrição e Ciência Alimentar.* 3 (5), 430-437.

Ali, M.A.M. ,EL Tinay, A.H., ELkhalifa, A.E.O., Mallasy, L. O. e Babiker, E.E. (2012). Efeitos de diferentes níveis de suplementação de farinha de soja nas propriedades funcionais do milheto. *Ciências da Alimentação e Nutrição, 3:1-6.*

Ali, M.A.M., EL Tinay, A., Mallasy, L.O. e Yagoub, A.E. (2010). Suplementação de farinha de milheto com proteína de soja: efeito da cozedura na digestibilidade proteica *in vitro* e na composição de aminoácidos essenciais. *Jornal Internacional de Ciência e Tecnologia Alimentar,* 45: 740-744.

Almeida-Dominguez, H.D., Serna-Saldivar, S.O., Gomez, M.H. e Rooney, L.W. (1993). Produção e valor nutricional de alimentos para desmame a partir de misturas de milheto e feijão-frade. *Cereal Chemistry,* 7 (1): 14-18.

Andrew, W. (1983). Agricultural innovation in the Islamic world (Inovação agrícola no mundo islâmico). Cambridge University Press. En.wikipedia.org/wiki/rice (acedido em 19 de julho de 2012).

AOAC. (1990). Association of Official Analytical Chemist, Official Method of Analysis, 14th edition, Washington D.C.

Asma, M.A., Elfadil, E.B. e ELTinay, A. (2006). Desenvolvimento de um alimento de desmame à base de sorgo suplementado com leguminosas e sementes oleaginosas. *Boletim de Alimentação e Nutrição*, 22 (1): 26-34.

Awada, S.H., Abedel H., Hassan, A.B., Ali, M.A. e Babiker, E.E (2005). *Journal Food Technolgy.* 3:523-528.

Badau, M.H., Jideani, I.A. e Nkama I. (2006). Comportamento reológico de formulações de alimentos para desmame afetado pela adição de malte. *Jornal Internacional de Ciência e Tecnologia Alimentar*, 41: 1222-1228.

Badau, M.H., Bristone, C., Igwebuike, J.U. e Nanbaba N. (2016). Produção, viscosidade, propriedades microbiológicas e sensoriais de misturas alimentares complementares de cultivares de arroz melhoradas, soja e malte de sorgo. *Pakistan Journal of Nutrition*, 15 (9): 849-856.

Badau, M.H., Nkama, I., Kasum A.l. e Danbaba, N. (2017). História e preparação da comida tradicional de arroz do norte da Nigéria: em arroz na Nigéria receitas tradicionais e necessidades de investigação. Impressões gráficas Ronab, Bida, Nigéria.

Bristone, C., Chibuize, E.O., Badau, M.H. e Katsala, L.H. (2016). Produção de farinhas de ogi de milho em pó (alimento complementar indígena) complementadas com malte de soja e sorgo. *Mayfeb Journal of Agricultural Science*, 3: 1-14.

Danbaba, N., Nkama, I., Badau, M.H. e Ndindeng, A.S. (2016). Desenvolvimento, avaliação nutricional e otimização de papas de desmame instantâneas a partir de fracções de arroz quebrado e misturas de amendoim bambara (Vigna subterranean L. Verdc). *Nigerian Food Journal*, 33 (2): 116-132.

Danbaba, N., Nkama, I., Badau, M.H., e Idakwo, P.Y. (2017). Charaterização de produtos alimentares à base de arroz da Nigéria: em arroz na Nigéria receitas tradicionais e necessidades de investigação. Impressões gráficas Ronab, Bida, Nigéria.

Danbaba, N. Shehu, D., Nkama, I., Badau, M.H., e Idakwo, P.Y. (2017). Novos produtos de valor acrescentado à base de arroz e empreendedorismo na Nigéria: em arroz na Nigéria receitas tradicionais e necessidades de investigação. Impressões gráficas Ronab, Bida, Nigéria.

Bagheri, I., Alizadeh, M.R., Mahmood Safari, M. (2013). Diferenças varietais nas propriedades físicas e de moagem de grãos de arroz. *Revista Internacional de Agricultura e Ciências Agrárias*. 5 (6), 606-611.

Bashar Z.U., Wayayok, A., e Mohd, .A.M.S. (2014). Determinação de algumas propriedades físicas de sementes comuns de arroz da Malásia MR219. *Australian Journal of Crop Science*. 8(3), 332-337

Bolaji, O.T., P. A. Adepoju e P. A. Olalusi. 2015. Implicações económicas da industrialização da produção de um alimento de desmame popular, ogi, na Nigéria: Uma revisão. Jornal Africano de Ciência Alimentar. 9(10): 495-503.

Bologun, I.O. & Olatidoye, O.P. (2010). Propriedades funcionais de feijões de veludo descascados e não descascados. *Jornal de Ciências Biológicas e Bioconservação*, 2, 1-10.

CAC. (1991). Diretrizes sobre alimentos suplementares formulados para bebés mais velhos e crianças pequenas. CAC/GL 08-1991. Pp 1-10.

CAC. (2015). Comité do Codex para a Nutrição e Alimentos para Dietas Especiais... Medical purpose intended for infants (Codex Stan. 72-1981). www.fao.org/...codexalimentarius/.../en/?...org%2... .Acedido em 4/7/2016. Pp. 1-19.

Champagne, E.T. (2008). Uma revisão da literatura sobre: Aroma e sabor de arroz: *Cereal Chemistry.* 85(4), 445-454.

Chandra S., e Samsher. 2013. Avaliação das propriedades funcionais de diferentes farinhas. Jornal Africano de Investigação Agrícola. 8(38): 4849-4852.

Chibuzo, E.C. e Ali, H. (1995). Avaliação sensorial e físico-química de uma mistura de milho e amendoim como alimento de desmame. *Annals of Borno,* 11/12 (1994-95): 181-190.

Dipti, S.S., Bergman, C., Indrasari, S.D., Herath, T., Hall, R., Lee, H., Habibi, F., Bassinello, P.Z., Gratero, E., Ferraz, J.P., e Fitzgerald M. (2012). Revisão sobre: O potencial do arroz para oferecer soluções para a desnutrição e doenças crónicas. *SpringerOpen Journal.* 5:16. http://www.thericej ournal. com/content/ 5/1/16.

Djouab, A., Benamara,S., Gougam, H., Amellal, H., Hidous, H. (2016). "Propriedades físicas e antioxidantes de duas espécies de tâmaras argelinas (Phoenix dactylifera L. e Phoenix Canariensis L.)". *Jornal dos Emirados de Alimentação e Agricultura.* 28 (9), 601-608.

Duncan, D.E. (1955). Multiple range and Multiple f-tests. *Biometrics.* 11:1-42.

Egan, H., Skirk, R. S. e Sawyer, R. (1988). *Pearson's Chemical Analysis of Food,* 8th edition, Longman Scientific and Technical, London.

Elemo, G.N; Elemo, B.O. e Okafor, J.N.C. (2011). Preparação e composição nutricional de um alimento de desmame formulado a partir de sorgo germinado (Sorghum bicolor) e feijão-frade cozido no vapor (Vigna Unguiculata Malp). *American Journal of Food Technology,* 6 (5); 413-421.

Ester, L., Charles, A.O., Adeoye, O.S. e Toyin, O.A. (2013). Efeitos do método de secagem em propriedades selecionadas de Ogi (mingau) preparado a partir de sorgo (*Sorghum vulgare*), painço (*Pennisetum galaucum*) e milho (*Zea mays*). Food processing & Technology. 4, 1-4.

Eshun, G., Baffour, N.K., Ackah, P.Y., (2011). Teor de nutrientes e aceitabilidade sensorial de uma dieta de desmame formulada a partir de misturas de soja, amendoim e arroz. *Jornal Africano de Ciência Alimentar,* 5 (17): 870-877.

Comissão Europeia. (2003). Relatório do Comité Científico da Alimentação Humana sobre a revisão dos requisitos essenciais das fórmulas para lactentes e fórmulas de transição, SCF/CS/NUT/IF/65 Final 18 de maio de 2003. Disponível em: ec.europa.eu/food/fs/scf/out199_en.pdf. Acedido em /4/ 7/2016. Pp. 13-209.

FAOSTAT. (2007). Organização das Nações Unidas para a Alimentação e a Agricultura, base de dados estatísticos da empresa, Roma.

FAO. (2017). Organização das Nações Unidas para a Alimentação e a Agricultura, Monitor do mercado do arroz, n.º 1.

Foster-Powell, K., Holt, S.H. e Brand-Miller, J.C. (2002). Tabela internacional dos valores do índice glicémico e da carga glicémica. *Sociedade Americana de Nutrição Clínica,* 76:23-58.

Harrigan, W.F. e M. E. McCance. 1976. Laboratory methods in food and dairy microbiology, Academic press London, New York-San. Francisco.

Houston, D.F. (1992). *Rice chemistry and technology,* American Association of Cereals Chemist.Inc, St. Paul, Minnesota.

Ihekoronye, A.I. e Ngoddy, P.O. (1985). *Integrated Food Science and Technology for the Tropics,* Macmillan Education Ltd, London and Oxford.

Saúde da Mulher Indiana (2012). Indian Women Health articles. www.indianwomenshealth.com/ (acedido em 2 de junho de 2012).

IRRI. (1980). International Rice Research Institute, Standard evaluation scale for rice, Relatório anual de 1980. Los Banos, Laguna, Filipinas.

Iwe, M.O. (2003). *The Science and Technology of Soybeans Chemistry, Nutrition, Processing, Utilization,* Rojoint Communications Services Ltd. Umahia, Nigéria.

Jideani, V.A. e Jideani, I.A. (2006). *Manual de laboratório de bacteriologia alimentar,* Amana Printing and Advertising Ltd. Kaduna-Nigéria.

Kane, N., Ahmedna M. e Yu, J. (2010). Desenvolvimento de uma fórmula infantil fortificada à base de amendoim para a recuperação de crianças gravemente desnutridas. *Jornal Internacional de Ciência e Tecnologia Alimentar,* 45: 1965-1972.

Liener, I.E. (1989). *Legumes, Química, Tecnologia e Nutrição Humana,* Marced dekker, Inc., Nova Iorque. New York.

Larmond, E. (1977). *Laboratory methods for sensory evaluation of food,* Canadian Government Publishing Centre, Ottawa, Canadá.

MacDonald, A., Evans S., Cochrane, B. e Willdgoose, J. (2011). Desmame de bebés com fenilcetonúria: uma revisão. *Journal of Human Nutrition and Dietetics,* 25:103-110.

Maji, A.T., Ukwungwu, M.K.N., Danbaba, N., Abo, M.E. e Bakare, S.O. (2017). Rice: history, research and development in Nigeria: in rice in Nigeria traditional recipes & research needs. Impressões gráficas Ronab, Bida, Nigéria.

Metwalli, O.M., Sahar Y., Al okbi T., e Hamed E. (2011). Avaliação química, biológica e organoléptica de dietas terapêuticas recentemente formuladas para a desnutrição proteico-calórica. *Medical Journal of Islamic world academy of science* 19(2):67-74.

Mijinyawa, Y., Ogedengbe, k., Ajav, E.A., Aremu, A.K. (2007). *Introducton to agricultural engineering,* second edition, Aluelemhegbe publishers, No 7 Lisabi crescents, University of Ibadan, Ibadan-Nigeria.

Murphy, P.A. (1982). Phytoestrogen content of processed soybean products. *Food Technology,* 36: 60-64.

Ndindeng, S., Mapiemfu, D., Fantong, W., Nchinda, V., Ambang, Z., Manful, J. (2014). Estratégias de adaptação pós-colheita aos efeitos das variações de temperatura e das práticas do agricultor-agricultor na qualidade física do arroz nos Camarões. *American Journal of Climate change,* 3, 178-192.

Instituto de Nutrição Nestlé. (2005). Necessidades proteicas e energéticas na infância. https://www.nestlenutrition-institute.org/documents/58-booklet.pdf. Acedido em /4/7/ 2016. Pp. 1-36.

Nielsen, S.S. (2002). *Introduction to the chemical analysis of food,* CBS Publisher Darga Ganj, New

Delhi.

Nishita, K.D., Bean, M.M. (1982). Métodos de moagem: O seu impacto nas propriedades da farinha de arroz. *Cereal Chemistry*, 59 (1), 46-49.

Nkama, I. e Ikwelle, M. C. (1998). Avaliação da qualidade alimentar do grão de milho painço. Pp. 71-117. In: pearl millet in Nigeria Agriculture production utilization and research priorities.

Nkama, I., Kassum A. L., e Jato, A. K. (2011). Processamento de arroz na Nigéria. Publicado pelo gabinete de propriedade intelectual e transferência de tecnologia da Universidade de Maiduguri, Maiduguri, Nigéria.

Ojha, T.P., e Micheal, A.M. (2006). *Principles of agricultural engineering,* fifth edition, Sh. Sunil kumar jain, para Jain brothers, Karol Bagh, New Delhi.

Oko, A. O., Ubi, B.E., e Danbaba, N. (2012). Qualidade de cozedura do arroz e caraterísticas físico-químicas: A comparative analysis of selected local and newly introduced Rice varieties in Ebonyi State, Nigeria 2(1):43-49.

Olatoye. (2011). Nigerian Tribune. tribune.Com.ng/index.php/wealth cre. (avaliado em 22 de junho de 2012).

Onofiok, N.O. e Nnanyelugo. O.O. (2003). Alimentos de desmame na África Ocidental: Nutritional problems and possible solution. www.unu.edu/unupres/food/v191 e/ch06.htm, 191: 1-6. (recuperado em 11 de outubro de 2003).

Onwuka, G.I. (2005). *Análise e instrumentação alimentar, teoria e prática*, Naphthali prints. Uma divisão da HG Support Nig. Ltd. Lagos, Nigéria.

Rakshit, M., Saha, J. e Sakar, P.K. (2013). Otimização da superfície de resposta da secagem mecanizada de wadi, um condimento alimentar fermentado com leguminosas. *Jornal de Processamento e Preservação de Alimentos*. 39 (2015), 1-9.

Roy, P., Orikasa, T., Okadome, H., Nakamura N. e Shiina, T. (2011). *Revisão* sobre: Condições de processamento, propriedades do arroz, saúde e meio ambiente. *Revista Internacional de Investigação Ambiental e Saúde Pública*. 8, 1957-1976

Sahay, J. (2008). *Elements of agricultural engineering,* fourth edition, A.K. Jain (prop.) for standard publishers distributors, Nai sarak, Delhi.

Buy your books fast and straightforward online - at one of world's fastest growing online book stores! Environmentally sound due to Print-on-Demand technologies.

Buy your books online at
www.morebooks.shop

Compre os seus livros mais rápido e diretamente na internet, em uma das livrarias on-line com o maior crescimento no mundo! Produção que protege o meio ambiente através das tecnologias de impressão sob demanda.

Compre os seus livros on-line em
www.morebooks.shop

Printed by Books on Demand GmbH, Norderstedt / Germany